AF370930

NOUVEAU
MANUEL DU VIGNERON,

ou

MÉTHODE SIMPLE,

FACILE ET ÉCONOMIQUE,

POUR FAIRE DE BON VIN, PARTOUT OÙ LE RAISIN DE VIGNE MÛRIT BIEN, ET PARTICULIÈREMENT DANS LA VENDÉE, SANS RECOURIR AUX PROCÉDÉS DISPENDIEUX DES SPÉCULATEURS BREVETÉS, TELS QUE L'APPAREIL GERVAIS OU AUTRES.

PAR GEORGE SIBUET,

Vigneron à Étioles, propriétaire dans les départemens de l'Ain, de Seine, Seine-et Oise et Vendée, membre du comité d'Agriculture de Corbeil (Seine-et-Oise), etc., etc.

L'homme est de glace aux vérités,
Il est de feu pour les mensonges.

PARIS,

CHEZ LES MARCHANDS DE NOUVEAUTES.

Août 1822.

AVERTISSEMENT.

Cet opuscule, destiné à mettre à la portée des habitans de la campagne, les moyens pratiques, qu'une longue expérience m'a fait adopter avec succès, pour faire d'assez bon vin près de Paris, n'apprendra presque rien de nouveau aux propriétaires des vignobles du midi, qui sont déjà très-experts dans cette partie, et qui, avec leur soleil et leur position, ne peuvent obtenir que d'excellens résultats, quel que soit, d'ailleurs, le procédé qu'ils préfèrent. Des auteurs distingués, parmi lesquels je citerai M. *Delavau* de St.-Estephe, ont achevé leur éducation en ce genre, et les garantissent journellement de l'incursion des brevets d'invention, qui, d'après notre législation, sur la matière ne prouvent rien en faveur de ceux qui les obtiennent, et encore moins, s'il est possible, en faveur des spéculateurs intéressés qui les colportent. En Bourgogne comme en Champagne, les vignerons sont également instruits, et ils peuvent se borner, sauf le foulage à nud et la cuve découverte, à faire comme faisaient leurs pères. Dans tous ces vignobles, on n'a pas attendu les brevets d'invention pour faire de bon vin ; mais mon manuel du vigneron peut être utile aux habitans des contrées moins favorisées sous le rapport du climat ou de la position, et moins avancées dans la culture des vignes, comme dans l'art de faire le vin, il le sera surtout aux bons Vendéens, qui font en général du vin pitoyable, sous un degré de latitude plus chaud que celui de Paris.

Je n'ai pas le projet de faire un nouveau traité d'œnologie ; je n'écris pas pour les savans, quoiqu'ils n'entendent souvent que la théorie et qu'ils soient presque toujours très ignorants dans la pratique ; je ne m'occupe que des vignerons qui mettent la main à l'ouvrage, de ces agriculteurs industrieux, qui font la richesse réelle de la France, qui la nourissent et ne la dévorent pas. Nous vivons dans un temps, où en dépit des vrais principes d'économie politique, les grands égoïstes qui nous ruinent, regardent l'abondance des récoltes comme une calamité publique, dans un temps où certaines gens désirent des désastres de toute espèce, et ne rougissent pas de s'affliger du progrès des lumières ; dans un temps, enfin, où la morale et la représentation des véritables intérêts des peuples sont faussées, ou méconnues.

Dans de telles circonstances, il faut souffrir ce qu'on ne saurait empêcher ; il faut éclairer la classe moyenne, diminuer ses privations et améliorer autant que possible la position de ceux qui vivent dans une honnête médiocrité, du fruit de leur travail : c'est pour fournir un faible contingent à cette œuvre méritoire, que j'offre mon nouveau manuel aux vignerons de la Vendée plus particulièrement, parce qu'ils ont pour faire du bon vin, sol, climat, exposition, et qu'il ne leur manque qu'un procédé simple, facile, économique, comme celui que je leur destine, et dont chacun, d'ailleurs, pourra faire l'essai, presque sans dépense.

NOUVEAU
MANUEL DU VIGNERON.

Une société pour l'amélioration des procédés de vinification s'est formée à Paris; on y trouve des ducs, des comtes, des vicomtes, des chevaliers exploitant ou faisant exploiter des brevets d'invention accordés à une demoiselle Gervais, et qui tendent à établir un impôt de six millions par an sur les vins rouges seulement; je respecte mademoiselle Gervais et son brevet; j'honore les grands seigneurs, ses associés, surtout, parce que je vois, parmi eux M. Chaptal, qui, sous le titre de comte cache le savant auteur des meilleurs articles d'œnologie, que renferme l'ancien dictionnaire d'agriculture; mais comme je sais qu'il est un parfait honnête homme, je suis étonné de l'entendre proclamer que Mlle Gervais lui a appris quelque chose dans cette partie, et je crains bien que, par excès de complaisance, car il ne lui est plus permis d'être modeste, il se soit, en quelque sorte, menti à lui-même.

Au surplus, je dirai à ces hommes éminens en dignité, comme en influence sur le gouvernement, ce que disaient naguère à la tribune, l'élégant orateur de la chambre des députés, M. *De Saint-Aulaire* et son collègue M. *Tripier*, qui, avec MM. *Royer-Colard, Benjamin-Constant, Manuel, Bignon*, et autres, sont de ces raisonneurs mathématiciens par essence, qui acculent incessamment leurs adversaires au fond d'un labyrinthe, d'où ils ne peuvent sortir qu'avec le fil de la clôture; je leur dirai donc : « *Vous avez fait trop ou trop peu dans cette circons-* » *tance* : si l'Appareil-Gervais est la découverte d'un pro- » cédé indispensable, pour faire de bon vin en France, » vous auriez dû, par amour pour votre pays, ou du moins, » pour le bon vin, en enrichir, sans rétribution, les pro- » priétaires de vignobles, déjà écrasés par le fisc, et bien- » tôt ruinés par le système prohibitif que notre législation » a provoqué, il vous eut été facile d'obtenir du gouver- » nement, qu'un budjet immense, voté en quelques jours, » a saturé d'or, un léger sacrifice dont se seraient con- » tentés sans doute les inventeurs, puisqu'ils parlent de » désintéressement; en ce cas donc, vous avez fait trop » peu; mais si l'Appareil Gervais est moins encore que la » soupape de *Cassebois*, sur les cuves closes, vous avez » fait trop, et beaucoup trop, en associant vos noms à » une spéculation que je n'ose qualifier, et qui, dans tous » les cas, est peu noble pour la plupart d'entre vous. »

Je n'ai pas vu l'appareil Gervais (1), mais à la simple inspection du plan et des prospectus que je me suis pro-

---

(1) C'est-à-dire, que je n'ai point vu de ses machines en fer-blanc, mais d'après le plan, le tout se compose d'un couvercle de cuve, comme ceux que mon manuel apprend à faire soi-même, avec une ouverture au milieu, sur laquelle on place une espèce d'entonnoir renversé, entouré d'un vase presque semblable aux bains de pied, avec tuyau de dégagement; mais pour avoir le droit de s'en servir, il faut payer après l'avoir acheté, à peu près 5o francs, un droit de li- cence fixé à 1 franc 5o pour chaque hectolitre de sa récolte annuelle, notoirement connue et déclarée.

curé j'ai dit : « Il n'y a rien là, qu'un physicien de collége
» ne sache parfaitement; rien qu'un vigneron, en état de
» faire des expériences, n'ait tenté et exécuté de mille
» manières, rien enfin de nouveau, qui vaille seulement
» le papier du brevet d'invention; » et comme la vue seule
des charlatans qui courent les rues, ou de ceux qu'on
trouve dans les salons, crispe mes nerfs, très irritables quand
il s'agit des intérêts du peuple; je n'ai pu me défendre
d'une certaine indignation, en voyant de quelle manière
on fait mousser une prétendue invention, que le physicien *Comte* dédaignerait de présenter à ses spectateurs.
Le sentiment que j'ai éprouvé en examinant à fond les
productions dont il s'agit, m'a seul déterminé à prendre
la plume, et à publier mon petit manuel.

D'abord, je soutiens qu'on peut faire de bon vin presque partout où on sait le faire, cette année, sans le procédé Gervais, ensuite qu'avec le procédé Gervais, on n'en
fera que de médiocre dans la Vendée, par exemple, qui
est cependant un pays chaud. Enfin, j'affirme qu'avec ma
méthode qui ne coûte rien, on fera toujours au moins
aussi bien qu'avec la sienne qui est très-dispendieuse.

Je laisse à chacun le soin de tirer la conséquence de
mes assertions sur lesquelles je ne redoute ni défi, ni
expériences contradictoires.

Je suppose que le lecteur connaît l'appareil Gervais, et
je ne le décrirai pas plus longuement que je l'ai fait;
mais je me bornerai à répéter que je n'y ai trouvé ni
secret, ni découverte, ni amélioration. Les procédés
suivis depuis plusieurs années par les hommes instruits
qui veulent prendre la peine de faire leurs vins sont

au fond les mêmes, et produisent des résultats pareils. On n'a pas attendu la naissance de mademoiselle Gervais pour savoir qu'il fallait clore ses cuves, de manière cependant qu'elles n'éclatent pas ; et son appareil de fer blanc, qui vaudrait mieux en bois ou en terre cuite, ne peut rien ajouter ni à la qualité, ni à la quantité ; il ne faut que de l'instinct pour s'en convaincre. Cet appareil peut conserver le liquide, comme mon procédé ; mais le fer-blanc sera corrodé chaque année par les gaz ; la soudure sera altérée, et les émanations vineuses qui retomberont dans la cuve pourront nuire à la couleur et à la qualité du vin. On n'a pas besoin sans doute de la permission de mademoiselle Gervais pour clore ses cuves convenablement, en laissant échapper l'acide carbonique latéralement afin d'empêcher l'introduction de l'air extérieur en trop grande quantité ; je mets ce moyen en pratique depuis long-temps ; plusieurs le suivent sur les côtes du Rhône dans le Bugey, et ailleurs. Son procédé n'a rien fait oublier ni rien appris, et jusqu'à ce que j'aie vu mademoiselle Gervais faire, dans la Vendée surtout, de meilleur vin avec son procédé qui coûte beaucoup trop cher, qu'avec le mien, qui ne coûte rien, je comparerai son brevet d'invention, qu'on ne pouvait pas lui refuser, à une sinécure qui tombera avant les autres.

J'ai visité particulièrement les vignobles de la Vendée, pour découvrir ce qui peut donner à leurs vins une qualité si médiocre : j'ai reconnu que le bocage étant très couvert, un air épais, souvent surchargé de vapeurs pouvait y contribuer ; aussi j'ai recommandé de ne laisser aucun arbre dans les vignes, d'en arracher soigneusement les herbages et surtout de les entourer de fossés, ou de branchages morts, au lieu des haies vives et boisées, qui les cernent de toutes parts. J'avais cru un instant, que les échalas, dont on ne se sert pas dans ce pays, pourraient améliorer la qualité du raisin, l'expérience m'a prouvé que dans ces localités, comme dans beaucoup d'autres, le raisin d'un cep élevé mûrissait moins que celui qui est plus rappproché de terre, et j'ai renoncé à ma première idée; mais je me suis aperçu qu'à l'époque des vendanges, la feuille des vignes, encore très verte, couvrait le raisin et empêchait sa parfaite maturité, ou favorisait sa pourriture, provoquée par l'humidité de la terre: je regarde donc comme très-essentiel de faire cueillir, 15 jours avant les vendanges, ces feuilles vertes qui serviront à la nourriture des bêtes à cornes, dans un temps où la terre commence à se dépouiller et où les choux, qui sont d'une si grande ressource dans le pays, ne doivent pas encore être effeuillés; cependant ces préliminaires ne suffiront pas pour améliorer les vins de la Vendée, il faut avant tout, renoncer entièrement à mettre du fumier gras dans les vignes; on y perdra un peu en quantité, mais qu'elle différence pour la qualité! On fait déjà d'assez bons vins blancs dans quelques petits cantons du Bocage, où le terrain est en pente, éloigné des bois et bien exposé, lorsqu'on se borne à remonter les terres de bas en haut; on en fait d'excellent à St.-Michel, dans le marais qui n'est point boisé, et où on ne fume presque jamais les vignes; qu'on fasse de même partout, ou qu'on se borne à fumer avec du marc de raisin mêlé et consommé avec de la terre neuve, alors, on fera dans toute la Vendée du vin blanc de première qualité, si l'on veut suivre d'ailleurs, la recette que j'indique à la fin.

Pour le vin rouge, après avoir adopté le genre de culture que je ne fais qu'esquisser, il faudra suivre la méthode que je vais tracer pour ceux qui ont des cuves, ce qui n'est pas commun chez les Vendéens, parceque les vignes et leurs produits n'y sont pas encore appréciés à leur juste valeur : les riches boivent et font boire généreusement du vin de Bordeaux, mais le petit propriétaire n'en peut faire autant, et le vigneron est mal abreuvé, faute de connaissances-pratiques, sur la conduite des vignes et la manière de faire le vin, qui ont été jusqu'à présent mal dirigées dans ce beau pays, tellement favorisé par la nature, qu'il pourrait se suffire à lui-même, ainsi que ses braves habitans l'ont prouvé dans des temps malheureux, et pendant une longue guerre, dont les succès, les revers, les suites et les résultats, offrent un grand sujet de méditation pour les peuples qui veulent être libres, comme pour les rois qui veulent gouverner de manière à les rendre heureux.

Mais j'ai promis d'apprendre à faire de bon vin, et non point à gouverner, quoique l'un ne soit pas plus difficile que l'autre, sous le soleil de France. Je vais dire comment je fais de bon vin depuis vingt ans, et je laisse à d'autres le soin d'expliquer combien il serait facile de gouverner des Français en les rendant heureux, avec un système représentatif bien franc, basé sur les vrais principes de la Charte, dont l'application absolue est devenue chez nous une nécessité plus impérieuse encore que celle du vin. J'entre donc dans ma foulerie pour ne plus faire

(11)

d'excursion, s'il m'est possible, dans le domaine de la politique, et pendant qu'on cueille mon raisin parfaitement mur, en laissant ce qui ne l'est pas, ou ce qui est pourri ; pendant qu'on porte promptement le tout dans ma cuve, de manière qu'elle se remplisse avant la fin du jour, je vais raconter comment j'ai appris à faire le vin, en observant qu'on peut généralement le faire meilleur actuellement, qu'avant 1789, parce qu'alors le vigneron n'avait le droit de vendanger que lorsque la permission en était proclamée par ordre, du seigneur ou sous son influence, qui se faisait sentir partout, au profit des grands et au détriment des petits ; c'était une atteinte portée aux propriétés, un privilége en faveur des nobles et des moines, ayant vignes closes ; la révolution en a fait justice, et chacun peut aujourd'hui vendanger quand il lui plaît ; c'est à-dire, ni trop tôt, ni trop tard, ce qui est très-important pour la quantité, comme pour la qualité du produit.

Ce que j'ai à dire sur mes premiers essais dans l'art de faire le vin, n'est point une digression oiseuse ; les faits prouvent souvent mieux que les raisonnemens, et ce sont des faits relatifs à mon sujet que j'expose ; je les ferai seulement précéder d'une anecdote historique qui n'y est pas étrangère.

Je suis né dans un pays de vignobles (en Bugey, département de l'Ain) ; on y boit et on y aime le bon vin : de tout temps le grand comme le petit vigneron, l'agriculteur comme le bourgeois, se sont chargés de le confectionner ; l'ancien seigneur, lui-même, ne dédaignait pas de s'en mêler ; le temps des vendanges était et est encore, dans ce charmant pays, une fête permanente. Les villes sont abandonnées dès les premiers jours de septembre , et les vignobles de Machuraz, de Culoz, de Seyssel, d'Ambronay, etc., etc., offrent alors le plus riant tableau.

J'étais bien jeune encore, et je passais mes vacances dans un cellier ou bastide appartenant à mon père, lorsqu'une petite fête, qu'il donnait pour me récompenser d'un prix de collége que j'avais obtenu , fût troublée par la mort subite d'un vigneron tombé en état d'asphixie complète dans une cuve qu'il foulait, nu. Ce malheureux événement frappa ma petite imagination , et me croyant déjà un homme au-dessus du commun, parce que j'avais une couronne scholastique , j'attaquai, devant les vignerons assemblés, le procédé du foulage dans la cuve, pendant la fermentation; les dames, dont les chants et les danses avaient cessé, se rangèrent de mon côté, parce que cette espèce de bain blessait depuis long-temps leur délicatesse sous le rapport de la propreté et de la décence; les vieux et les sots, qui se trouvaient à notre droite , riaient, criaient, haussaient les épaules , mais ne répondaient pas; mon père, qui était au milieu, souriait; ma bonne mère m'embrassait; j'étais heureux, comme on l'est toujours à cet âge. Le ministre (du culte), que la nouvelle de la mort du vigneron avait attiré, arrive avec sa robe noire, salue légèrement l'assemblée, sourit au marguillier et à ses voisins, qui n'étaient pas de mon côté, en leur demandant ce dont il s'agit : on chuchotte, on le tire par sa soutane, on cherche à le gagner, et j'entends sortir de sa bouche, ces mots : *c'est un petit novateur*. Parlez M. le curé, parlez plus haut, je répondrai à vos raisons, lui dis-je avec vivacité; alors il s'avance gravement auprès de mon père, et dit : « Je ne viens pas ici » pour répondre à l'interpellation d'un écolier qui veut » changer des usages antiques et respectables : Dieu a » voulu dans sa sagesse qu'un ivrogne mourût dans une » cuve, je viens dire que je ne l'enterrerai point parce que » c'est peut être un suicide, et que le drôle est mort sans » confession ; vous pouvez en faire ce que vous voudrez. » Au surplus, sans m'expliquer sur la cause de sa mort et » sur la question qui vous occupe, je me borne à dire, » que d'après ma conscience et les ordres du seigneur » haut justicier, je combats tout système nouveau quel— » qu'il soit, parce que... parce que...; mais j'ai soif, don— » nez-moi un verre... de vin. »

On rit à gauche aux éclats, ou crie à droite, *bravo; à bas le novateur, aux voix*, etc., etc. Je veux répondre, le ministre fait un signe à droite, on crie de nouveau, cependant, mon père obtient un moment de silence, et consulte l'assemblée, dont la majorité se prononça en ma faveur (les jeunes gens et le beau sexe, qui auront toujours beaucoup d'affinité entre eux, avaient voté avec le côté gauche).

On juge facilement combien je fus engoué d'un pareil succès, et, dès-lors, je songeai souvent aux moyens de remplacer le foulage, car je savais qu'il fallait écraser le raisin ; mais je n'avais encore lu aucun traité d'œnologie, et on ne suivait chez nous que les vieilles pratiques.

Nous avions un petit pressoir à miel, je le plaçai sur un plancher qui était au-dessus de la foulerie, auquel je fis un trou correspondant au milieu de la cuve. Comme il nous restait un hautain à vendanger, je fis mon expérience la même année, chacun versait son panier dans la boîte du pressoir, donnait un coup de vis, soulevait la boîte, et avec son pied poussait le marc dans la cuve, où le liquide avait déjà coulé : cette manière, que je préfère encore à toute autre, offre une économie de temps et d'argent ; mais je ne voyais alors que la mort du vigneron, et je m'étonne aujourd'hui, que dans beaucoup de pays vignobles on continue à fouler suivant l'ancienne méthode, lorsqu'il est si facile de faire mieux et sans danger.

L'année suivante nous opérâmes de la même manière, ce n'était point une découverte pour les savans ; mais c'était pour les vignerons l'indication d'un procédé satisfaisant sous tous les rapports, que l'amour de l'humanité m'avait inspiré.

Le hasard nous apprit, à la même époque, ce que nous ne savions guères alors en province, quoique les anciens l'ayent bien connu, la différence qui existe entre les produits d'une fermentation, libre ou close ; c'est-à-dire, faite dans des vaisseaux ouverts, et sur lesquels pèse une forte colonne d'air atmosphérique, ou dans une cuve plus ou moins hermétiquement couverte.

Au moment des vendanges, mon père faisait recouvrir et réparer son cellier, les ouvriers travaillaient au-dessus de la cuve qu'on venait de remplir, comme je l'ai dit ; il fallait empêcher qu'il plût dedans et qu'il y tombât des gravois ; on se décida à poser des planches sur la cuve, et comme elles ne joignaient pas, on en mit un second rang couvrant les joints du premier, et on plaça par dessus une vieille tapisserie en cuir ou peau, comme on en voyait autrefois dans les châteaux ; enfin, on attacha au dessous des planches et autour de la cuve, une tresse en paille grosse comme le bras pour empêcher l'introduction de la poussière du plâtre et autres matériaux, car nous n'avions pas d'autre projet alors. Les gravois qui tombaient sur la tapisserie la fixèrent, ensorte qu'elle couvrait également partout.

Nous attendions la fin des travaux pour sauver notre cuve que nous croyons perdue; mais les maçons, qui n'en finissent jamais, comme savent ceux qui les employent, restèrent encore quarante jours après la cuve close ; nous n'espérions plus rien de son produit; cependant on se décida à découvrir le robinet qui était entouré de planches pour que les ouvriers ne pussent pas y toucher, et à notre grande satisfaction, nous en vîmes sortir un vin beau en couleur, chargé d'arome, clair et bon à mettre en tonneaux, car il ne lui restait ni chaleur, ni fermentation sensible, ni mousse, ni douceur fade ou désagréable.

On découvrit la cuve, le chapeau était rayé dans quelques parties correspondantes aux intestices des planches ou du bord, et cette portion seulement portait au nez un peu d'acidité : nous enlevâmes, avec précaution, ces parties de marc altéré, qui restèrent au soleil dans un baquet, et qui, le surlendemain, pressées dans le petit pressoir, nous donnèrent douze pintes d'excellent vinaigre ; le reste du marc, porté au grand pressoir, fit du vin presqu'aussi bon que la mère-goutte.

De cette manière, la cuve qui n'avait fait jusqu'alors que neuf pièces et demie, en fournit près de dix, et jamais nous n'avions fait d'aussi bon vin, ni qui se fût si bien conservé, dans le pays.

Ces résultats, auxquels je n'étais pas étranger, m'ont fait aimer les vignes : j'en ai planté, j'en ai vu naître, et je me suis amusé à faire de nouveaux essais sur leur produit, quoique je n'habite pas un pays méridional, où l'on obtiendra toujours plus sûrement de brillans succès en ce genre.

Je pourrais, si je voulais, faire un livre, rapporter toutes mes expériences, parler des effets physiques et des causes, expliquer la nature des gaz, etc., etc.; mais je ne m'entretiens qu'avec des vignerons, et, plus particulièrement, avec des agriculteurs de la Vendée; c'est pourquoi je me borne à bien expliquer le procédé, qui m'a paru le meilleur, le plus facile et le moins dispendieux, pour faire de bon vin, toujours relativement au sol, à sa culture, à l'exposition de la vigne, à la qualité du plan, et surtout au climat.

On me reprochera peut-être, qu'ayant attaqué le procédé Gervais, je ne le combats pas méthodiquement; je dois répondre, qu'il est très-facile de prouver ce que j'ai avancé, parce qu'incontestablement il n'y a dans son appareil, d'autre invention que son brevet, d'autre secret que celui de gagner de l'argent; mais cette discussion deviendrait longue et fastidieuse. D'ailleurs, M. Delavau a rempli cette tâche, et je préfère établir en principes, que ni les certificats ni les expériences publiées ne prouvent rien en faveur de Mlle Gervais, parce qu'il n'y a rien de contradictoire dans cette espèce de plaidoyer, parce que l'opposition n'a point été appelée à ces différentes opérations, parce que ceux qui sont intéressés à ce qu'il ne s'établisse pas un monopole à son profit, n'ont ni reconnu, ni vérifié l'exactitude des faits, ni la fidélité des expériences. En vain des maires et des préfets attesteront qu'il y a du profit à consentir un nouvel impôt, au profit du fisc ou d'un particulier, nul n'en peut être convaincu, qu'alors qu'il l'aura reconnu lui-même; et d'ailleurs, ainsi que tout jugement sans opposition et rendu hors de la présence des parties intéressées, est considéré comme non-avenu, de même tout acte administratif et législatif (je ne crains pas de le dire) qui n'a pas passé par le creuset salutaire de l'opposition, n'acquiert aucune autorité durable. En politique, en administration, en finances, aussi bien qu'en industrie, l'opposition vivifie, anime, éclaire tout; rien n'est rigoureusement vrai que ce qu'elle a combattu ou pu combattre librement, et en ce cas encore, il reste au-dessus des oppositions partielles, l'opposition de l'opinion publique, qui a la haute main surtout et qui prononce en dernier ressort, se réservant nécessairement de faire exécuter ses arrêts souverains en temps et lieux (1).

---

(1) On voit qu'il m'a été impossible de renoncer au plaisir d'une nouvelle incursion dans le domaine de la politique; mais je suis tellement convaincu que sans opposition (je veux dire sans opposition libre, permanente, honorable et honorée) il n'y a rien de stable dans un gouvernement représentatif, il n'y a, pour ainsi dire, de salut pour personne, que je ne cesse de le publier; je compare l'opposition en politique, à ces briquets aérophores bien connus, qui donnent du feu par la pression de l'air; quand cette pression est trop violente, il y a explosion; de même, l'opposition qui est par essence élastique et répulsive, produira les mêmes effets; plus la compression aurait été longue et forte, plus l'explosion serait terrible.

Ainsi donc, jusqu'à ce que l'opposition ait été entendue, je ne considère l'affaire particulière de la société Gervais, que comme une proposition isolée faite dans son intérêt: un commencement d'opposition qui ne lui est nullement avantageux, s'est manifesté ; déjà la société d'agriculture de Toulouse, ainsi que M. Delavau, membre de celle de Montauban, ont fait des expériences comparatives, qui sont loin de lui être favorables ; mais d'après mon principe, je confesse qu'elles ne prouvent rien contre la société Gervais, qui n'y a point été appelée (1).

(1) On fait sonner très-haut des rapports de commissaires nommés par des sociétés d'agriculture, et même ceux de Toulouse, qui sont loin d'être favorables à l'entreprise Gervais ; mais je soutiens que ces rapports, comme les certificats de quelques particuliers (qui ainsi que M. *Anglada*, peuvent se rétracter tous les jours) ne présentent rien de contradictoire, parce qu'on sait bien que ce n'est pas parmi les contradicteurs que les intéressés vont chercher des appuis. Les expériences comparatives de M. Delavau faites avec la société Gervais, offraient seules jusqu'à présent ce caractère ; et quand aux certificats des particuliers, je me borne à demander à mademoiselle Gervais, si elle a fait payer son droit de licence à ceux qui les ont souscrit.

Au surplus, j'observe, sur le fond du procédé Gervais, que M. Chaptal dit, dans le dictionnaire d'Agriculture. « Je n'irai pas » proposer aux habitans du Midi, les méthodes de vinification pratiquées dans le Nord ; mais je déduirai de la différence des climats » et des raisins, la nécessité d'en varier la fermentation », d'où je déduis qu'il est étonnant que M. Chaptal veuille faire adopter partout aujourd'hui, le procédé de vinification, auquel il s'est associée dans le même dictionnaire imprimé en 1800, M. Chaptal conseillait de couvrir les cuves, donc M. Gervais ne lui a rien appris à ce sujet ; il dit d'ailleurs que les anciens connaissaient et employaient ce procédé. D. *Gentil*, en 1779, posait une cloche de verre sur le chapeau de la vendange, en

Dans l'état des choses, je dis, en me résumant, que Mlle Gervais n'ayant rien prouvé contradictoirement,

---

fermentation ; alors, dit M. Chaptal, les parois de la cloche se remplissaient de gouttes d'un liquide, semblable au premier phlegme de l'eau-de-vie (c'est la liqueur dont il s'agit dans l'appareil Gervais); Humbold entourait la cloche de glace, et le froid précipitait l'alcool.

La fermentation , dit aussi M. Chaptal, n'a besoin *ni de secours, ni de remèdes*, lorsque le raisin est bien mûr, qu'il ne fait pas trop froid et que la masse de la vendange a certain volume ; donc en beaucoup de cas, le secours et l'appareil Gervais ne sont pas nécessaires, il dit ailleurs que la fermentation doit être gouvernée d'après la nature du raisin, et conformément à la qualité du vin qu'on désire obtenir, que le raisin de Bourgogne ne peut pas être traité comme celui de Languedoc ; qu'en Champagne, c'est encore différent, que les vins faibles doivent fermenter dans les tonneaux, et les vins forts dans la cuve, enfin, que chaque pays a des procédés qui lui sont prescrits par la nature même de ces raisins, *et qu'il est extraordinairement ridicule*, ce sont ses termes , de vouloir tout soumettre à la même règle ; donc il est extraordinairement ridicule , dirai-je , à mon tour , de vouloir imposer par tout un appareil qui n'ajoute rien à nos connaissances, et qui n'a sur la qualité, comme sur la quantité des produits , d'autre avantage que celui des cuves closes , avec la précaution qu'indique l'expérience, pour empêcher les accidens , précaution que ne manque pas d'éxiger le plus simple vigneron , lorsqu'on couvre une cuve en sa présence, sans laisser une ouverture quelconque.

Si le procédé de mademoiselle Gervais ne coûtait rien , si ses nobles associés , semblables au vertueux Larochefoucault, enrichissaient l'agriculture, le commerce et l'industrie, de découvertes plus ou moins utiles, j'applaudirais à cette association, mais lorsqu'il s'agit d'une spéculation mercantile, qui tend à achever la ruine des propriétaires de vignobles, je ne peux balancer entre le grand nombre qui pourrait être abusé, et les associés qui ne songent qu'à leurs intérêts particuliers, c'est pourquoi j'ai pris le parti des premiers, dans une affaire qui m'est tout à fait étrangère ; mon désintéressement sera ma sauve-garde, et me servira d'excuse s'il en est besoin.

malgré l'authenticité de ses certificats, trop souvent mendiés, et plus souvent encore complaisamment accordés, son procédé, comme le mien, comme ceux de cent autres, qui du moins ne se vendent pas, est pendant au tribunal de l'opinion, et mon opposition loin de lui nuire, ne peut que lui être avantageuse, si, en dernière analyse, la grande masse des parties intéressées prononce en sa faveur. Au surplus, je ne veux nuire à personne : le temps, et la liberté de la presse suffisent pour faire justice de tous les genres de charlatanisme, de tout ce qui blesse les intérêts des plus nombreux et des plus éclairés ; d'ailleurs, je n'ai voulu avant tout, que faire faire un premier pas, dans l'art œnologique, aux habitans de la seule contrée en France où, avec un soleil ardent et un excellent terrain, on fasse encore de mauvais vin (la Vendée.)

Voici ma recette, je l'abandonne à mes amis comme à mes ennemis.

Aussitôt après que ma cuve, préalablement nettoyée, aspergée d'eau bouillante et barbouillée d'eau de chaux vive, est remplie de mon raisin bien écrasé par le moyen du petit pressoir (1), ou d'un fouloir, ou d'un baquet troué dans lequel on le piétine, ce qui doit se faire, sans

---

(1) Comme les vignerons n'ont pas, pour la plus part, le plus petit pressoir dont j'ai parlé, et qu'ils ont tous des fouloirs ou des baquets pour écraser le raisin ; voici un autre moyen qui sera, je crois, adopté généralement, et pour lequel je ne prends pas de brevet d'invention, quoiqu'il soit bien à moi. L'ouvrier, au lieu de fouler nud-pieds, doit avoir une paire de gros sabots, à chacun desquels on fixe une planche en forme de semelle, lardée de cloux à latte, dont la tête porte contre le sabot, et dont les mille pointes brisent le raisin, sans fatiguer le fouleur.

discontinuer ; je retire avec un fort rateau, ou avec une fourche de fer, une partie des grappes nettes , ou râfles qui se trouvent au-dessus du moût, de manière qu'il s'en faille de six pouces au moins que ma cuve ne soit pleine ; je jette ces grappes dans la cuve ou cuvier destiné au vin blanc dont je parlerai plus tard.

On devine facilement pourquoi je diminue la quantité des grappes en augmentant la masse du liquide ; je ne raisonne pas, j'agis : Déjà on ne voit sur ma cuve que du moût qui couvre le marc , et commence à laisser échapper des bulles d'air, c'est-à-dire à fermenter.

Dans une mauvaise saison , et lorsque le raisin n'est pas bien mûr ou qu'il est humide, je fais bouillir dans des chaudières une quantité de moût égale au vingtième du contenu de la cuve ; cela se fait promptement et successivement dans une chaudière, si on n'en a pas deux ; on arrose la cuve tout autour et au centre avec la liqueur bouillante, puis, on se dispose à la couvrir. (Cette année il n'est pas besoin de faire bouillir dans la Vendée ni aux environs de Paris, il n'y faut pas égrapper non-plus, si on vent empêcher le raisin de tourner au gras.)

Au pourtour intérieur de ma cuve, à deux pouces du bord supérieur, est cloué avec de longues pointes assez rapprochées , un cercle égal dans ses proportions, et double en force de ceux des pièces de Bordeaux ; ce cercle, destiné à supporter le couvercle de la cuve , doit être placé bien droit à une égale distance du fond de la cuve.

Mon couvercle est en trois morceaux égaux pour faciliter son transport ; chaque planche touche immédiatement celle qui la suit, mais sans rainures, si l'on veut, parce que j'y supplée autrement, et qu'on peut ainsi, sans le secours d'un menuisier, fabriquer ce couvercle avec des planches de bois blanc ou autres, qui ayent au moins quinze lignes d'épaisseur, et voici comment :

On entre dans la cuve avec une chandelle, et quand un domestique a posé dessus, les planches qui doivent être plus longues que la cuve n'est large, on trace, avec un morceau de craie affilé, une raie tout au tour du bord intérieur au-dessous des planches qui doivent déjà se joindre exactement : on numérote ces planches, et on sort pour les scier à la raie, avec la scie tournante ; les numéros servent ensuite pour les rapprocher et les fixer en un tout, ou en trois morceaux séparés, en clouant des traverses dessus et dessous.

Au milieu de ce couvercle, qui correspond au centre de la cuve, est une ouverture ronde, qui se fait facilement, après l'avoir tracé, en perçant tout autour avec une vrille des trous assez rapprochés, pour que le morceau s'enlève avec un outil ou ciseau, sur lequel on frappe des coups de marteau. La coiffe d'un chapeau ordinaire doit pouvoir entrer dans cette ouverture, et j'y laisse en effet un vieux chapeau ou une petite ruche de bois, pendant qu'avec de la terre glaize bien manipulée comme du beurre, ou à défaut, avec de la terre franche, pétrie de même et arrosée de sang de bœuf, j'enduis et lute la totalité de mon couvercle jusqu'au trou exclusivement, de sorte qu'il y en ait partout de trois à quatre lignes d'épaisseur ; on l'égalise bien, on la bat avec les mains, et on n'y laisse aucune gerçure; s'il s'en fait plus tard, on les remplit, avec soin.

Cela fait, je pose sur la cuve une planche un peu forte qui porte sur les bords, sans déranger le corroi de glaise, pour arriver à mon ouverture, que j'appelle cheminée : Elle est destinée à conserver une portion d'air atmosphérique en contact avec le moût pour favoriser sa fermentation, elle doit être couverte de manière qu'il ne s'en introduise pas davantage, comme aussi pour empêcher l'évaporation du liquide vineux, et conserver son arome, sans nuire à la sortie des gaz qui provoquent l'acidité, ou qui feraient éclater la cuve si elle était hermétiquement bouchée ; il y a cent moyens d'atteindre ce but; voici cependant ce que j'ai trouvé de mieux , parce qu'on n'a rien à dépenser pour l'exécuter, et que chacun peut le faire facilement.

A la place du vieux chapeau ou de la petite ruche qui ont couvert, jusqu'à présent, ma cheminée; je pose, renversée ou le fond en l'air, une de ces grandes terrines trouées qui ont six pouces d'élévation , et qui servent à égoutter les fromages, ou les bonnes caillebottes de la Vendée; je lute son bord inférieur avec la glaize jusqu'aux trous exclusivement, et je la fixe encore, en posant dessus un plat creux aussi troué , plus large que la terrine rempli de petits cailloux qui absorbent l'humidité et conservent par conséquent le liquide vineux; ainsi les trous du fond de la terrine sont bouchés plus ou moins, tandis que ceux qui se trouvent autour ne le sont pas. (Une ruche en bois, avec une petite jalousie placée latéralement, est préférable pour un très-grand vaisseau.)

Enfin je recouvre ma cheminée, ainsi disposée, avec un moyen cuvier à lessive, dont les bords inférieurs entrent dans la glaize ; mais que j'enduis encore tout au tour, et que je fixe invariablement avec un morceau de bois faisant arc boutant au plancher : (on peut le fixer autrement, selon les localités ; mais cela est nécessaire pour prévenir tout dérangement du couvercle, que l'humidité, ou toute autre cause pourraient faire travailler).

A ce cuvier bien connu est une ouverture ronde à laquelle s'adapte un vieux canon de fusil, pour faire couler la lessive : j'y place tout bonnement ce tuyau, qui dans la position du cuvier renversé, s'incline naturellement vers le couvercle de la cuve, et laisse échapper une partie de l'air conservé dans le cuvier, lorsqu'il est chassé par les gaz, sans que l'air extérieur puisse y rentrer pendant la fermentation, parce que les lois de la physique s'y opposent.

Cependant avec l'air et les mauvais gaz, une partie de l'arome pourrait encore sortir de la cuve, si on ne faisait rien de plus ; un tuyau de cuir un peu long fixé au bout du canon du fusil et descendant jusqu'à terre perpendiculairement, y supplée en partie ; mais chacun n'a pas des tuyaux de cuir, qui sont fort chers (1) ; j'attache simplement au bout de mon canon de fusil un vieux gand long de femme, dont les doigts, coupés au petit bout, aboutissent à un vase rempli de lait de chaux, qu'ils ne font

---

(1) M. Quetier de Corbeil a inventé et mis à la dernière exposition des tuyaux en tissus de fil qui sont préférables aux tuyaux de cuir, en ce qu'ils sont plus légers, et moins chers, qu'ils n'exigent aucun entretien, et ne peuvent donner ni mauvais goût, ni odeur au vin.

qu'effleurer : on sait qu'il existe une affinité entre la chaux éteinte et l'acide carbonique; ils se conbinent ensemble, et mon lait de chaux devant se saturer de cet acide, de préférence à tout autre, je conserve, autant que possible, la quantité, la qualité et l'arome du vin en prévenant tout danger d'explosion et même d'acidité.

J'ajoute, que pour empêcher ma glaize de se fendre, comme pour soustraire le cuvier à l'action de l'air, je couvre d'eau le fond de ce cuvier, qui dans sa position en contient quelques lignes, et je place sur la totalité de ma cuve, un chârier, ou gros drap mouillé, que j'ai soin d'humecter, sans le déranger, quand il sèche.

Je n'ai pas la prétention de croire que mon procédé soit le meilleur, mais il m'a toujours réussi, et dumoins on peut l'essayer, sans frais, comme sans rétribution obligée.

Cette méthode, ainsi que beaucoup d'autres, a l'immense avantage de ne point laisser d'incertitude sur le moment de décuver son vin, puisque, par elle, toute fermentation sensible peut s'achever dans les cuves, mieux que dans les tonneaux, sans inconvénient aucun : je ne tire mon vin qu'au bout de six semaines; mais on peut le faire, aussitôt, qu'en ouvrant la canelle, le vin en sort limpide, bien coloré, froid et sans douceur de mout.

Après avoir tiré tout le vin qui veut sortir de la cuve, on la découvre, d'abord, en renversant le cuvier sans se placer au-dessus, et ensuite en ôtant la glaize et le couvercle : s'il arrivait que la partie supérieure du chapeau sentît l'aigre, ce qui peut arriver, sans que le vin y participe, il faut enlever la première couche, sans la mêler avec le reste, et en faire du vinaigre; comme je l'ai dit avant, il n'y a point de perte. Finalement, on porte promptement le restant du marc sous le pressoir, et on retire du pressurage, comme de la mère goutte, un vin supérieur en qualité, à celui qu'on faisait par la vielle routine, et égal au moins à celui des appareils nouveaux. Le profit sur la quantité est démontré avec ce procédé, comme avec tout autre, qui admet la cuve close.

Il ne me reste que peu de chose à dire sur les vins blancs, que chacun sait confectionner; on en fait déjà trop dans la Vendée, lorsqu'on pourrait le remplacer par de bons vins rouges qui ont bien plus de valeur : cependant je ne dois pas oublier ceux qui n'ont pas de cuves et les avertir que leurs vins blancs seraient infiniment meilleurs, si après avoir adopté les avis que je leur ai donnés plus haut, et avoir renoncé à mettre des fumiers gras dans leurs vignes, ils se décident à effeuiller le sarment en ratachant les brins traînant à terre aux branches supérieures, quelque temps avant la vendange; et s'ils veulent, au lieu de porter de suite le raisin au pressoir, le déposer dans de grandes pièces ou tonneaux qu'ils ont ordinairement. Voici ce qu'il faut faire : on ôte l'un des fonds du vaisseau; on place au bas un robinet, ou grosse canelle, on lève le tonneau droit, le robinet en bas, sur un petit trépier, ou traiteau, on y jette le raisin écrasé, ou on l'écrase dedans à fur et à mesure qu'on l'y met avec une batte un peu large, tenant à un long manche; pendant ce temps, on fait bouillir un vingtième du mout, qu'on jette dedans, et on couvre bien le dessus du tonneau; puis on tire, après douze heures écoulées : tout cela est très facile à exécuter et ne coûte rien. De cette manière, la mère-goutte sera toujours parfaite et le pressurage aura plus de montant, enfin le tout se conservera mieux, le vin sera un peu moins blanc ; mais je ne vois pas que ce soit un bien grand malheur, d'ailleurs, en laissant les tonneaux au soleil jusqu'au mauvais temps, ce qui ne présente aucun inconvénient, il reprendra sa blancheur.

J'ai rempli la tâche que je m'étais imposée ; heureux si mon manuel peut être utile à quelqu'un, surtout aux propriétaires des vignobles de la Vendée, auxquels je l'ai spécialement destiné par reconnaissance pour un pays ou j'ai formé mes liens de famille les plus chers et les plus sacrés.

SIBUET.

DE L'IMPRIMERIE DE CONSTANT-CHANTPIE,
Rue Sainte-Anne. N° 20.